U0660170

科学成果展台

李 奎 编著　丛书主编 周丽霞

兵器：高科技的大较量

汕头大学出版社

图书在版编目（CIP）数据

兵器：高科技的大较量 / 李奎编著. -- 汕头：汕
头大学出版社，2015.3（2020.1重印）
　　（学科学魅力大探索 / 周丽霞主编）
　　ISBN 978-7-5658-1698-7

Ⅰ．①兵… Ⅱ．①李… Ⅲ．①武器—青少年读物
Ⅳ．①E92-49

中国版本图书馆CIP数据核字（2015）第027442号

兵器：高科技的大较量　　　　BINGQI：GAOKEJI DE DAJIAOLIANG

编　著：李　奎
丛书主编：周丽霞
责任编辑：汪艳蕾
封面设计：大华文苑
责任技编：黄东生
出版发行：汕头大学出版社
　　　　　广东省汕头市大学路243号汕头大学校园内　邮政编码：515063
电　话：0754-82904613
印　刷：三河市燕春印务有限公司
开　本：700mm×1000mm　1/16
印　张：7
字　数：50千字
版　次：2015年3月第1版
印　次：2020年1月第2次印刷
定　价：29.80元
ISBN 978-7-5658-1698-7

前言

科学是人类进步的第一推动力，而科学知识的学习则是实现这一推动的必由之路。在新的时代，社会的进步、科技的发展、人们生活水平的不断提高，为我们青少年的科学素质培养提供了新的契机。抓住这个契机，大力推广科学知识，传播科学精神，提高青少年的科学水平，是我们全社会的重要课题。

科学教育与学习，能够让广大青少年树立这样一个牢固的信念：科学总是在寻求、发现和了解世界的新现象，研究和掌握新规律，它是创造性的，它又是在不懈地追求真理，需要我们不断地努力探索。在未知的及已知的领域重新发现，才能创造崭新的天地，才能不断推进人类文明向前发展，才能从必然王国走向自由王国。

但是，我们生存世界的奥秘，几乎是无穷无尽，从太空到地球，从宇宙到海洋，真是无奇不有，怪事迭起，奥妙无穷，神秘莫测，许许多多的难解之谜简直不可思议，使我们对自己的生命现象和生存环境捉摸不透。破解这些谜团，有助于我们人类社会向更高层次不断迈进。

其实，宇宙世界的丰富多彩与无限魅力就在于那许许多多的难解之谜，使我们不得不密切关注和发出疑问。我们总是不断去认识它、探索它。虽然今天科学技术的发展日新月异，达到了很高程度，但对于那些奥秘还是难以圆满解答。尽管经过许许多多科学先驱不断奋斗，一个个奥秘不断解开，并推进了科学技术大发展，但随之又发现了许多新的奥秘，又不得不向新的问题发起挑战。

宇宙世界是无限的，科学探索也是无限的，我们只有不断拓展更加广阔的生存空间，破解更多奥秘现象，才能使之造福于我们人类，人类社会才能不断获得发展。

为了普及科学知识，激励广大青少年认识和探索宇宙世界的无穷奥妙，根据最新研究成果，特别编辑了这套《学科学魅力大探索》，主要包括真相研究、破译密码、科学成果、科技历史、地理发现等内容，具有很强系统性、科学性、可读性和新奇性。

本套作品知识全面、内容精炼、图文并茂，形象生动，能够培养我们的科学兴趣和爱好，达到普及科学知识的目的，具有很强的可读性、启发性和知识性，是我们广大青少年读者了解科技、增长知识、开阔视野、提高素质、激发探索和启迪智慧的良好科普读物。

目　录

用途各异的海军舰艇

　　海军的舰艇通常分为战斗舰艇、登陆作战舰艇和勤务舰船等。战斗舰艇是装备有专用武器、直接进行海战的舰艇，包括水面战斗舰艇和潜艇。

　　水面战斗舰艇执行水面战斗任务，按其基本任务的不同，又区分为不同的舰种，有航空母舰、战列舰、巡洋舰、驱逐舰、护卫舰、鱼雷艇、导弹艇、猎潜艇、布雷舰、反水雷舰和登陆舰等。

　　在同一舰种中，按其排水量、武器装备的不同，又区分为不同的舰级，如美国的"尼米兹"级核动力航空母舰、苏联的"卡

拉"级导弹巡洋舰等。

在同一舰级中，按其外形、构造和战术技术性能的不同，又区分为不同的舰型。

水面战斗舰艇按其排水量大小分为大、中、小型：大型水面战斗舰艇有航空母舰、战列舰、巡洋舰；中型水面战斗舰艇有驱逐舰、护卫舰等；小型水面战斗舰艇有护卫艇、鱼雷艇、导弹艇、猎潜艇等。在水面战斗舰艇中标准排水量在600吨以上的，通常称为舰；600吨以下的，通常称为艇。

水面战斗舰艇，按其航行原理的不同，分为排水型、滑行型、水翼型和气垫型。

水下战斗舰艇即潜艇，潜艇种类很多，按其动力不同，分为常规动力潜艇和核动力潜艇。常规动力潜艇通常以蓄电池和柴油机为动力，故又称蓄电池潜艇；核动力潜艇以核反应堆为动力，又称核潜艇。

水下战斗舰艇按其装备武器不同，分为火炮潜艇、鱼水雷潜艇和导弹潜艇。火炮潜艇为早期潜艇，装备有火炮，用于防空；水雷潜艇装备有鱼雷和水雷武器，现代的常规动力潜艇通常是水雷潜艇；导弹潜艇装备有导弹武器，按其执行任务不同，分为战略导弹潜艇和攻击潜艇，战略导弹潜艇装备有弹道式战略导弹，攻击潜艇装备有飞航式对舰导弹。

辅助战斗舰艇是指执行辅助战斗任务的舰艇，又称勤务舰艇，主要用于战斗保障、技术保障和后勤

保障，它包括：军事运输舰船、航行补给舰船、维修供应舰船、医院船、防险救生船、试验船、通信船、训练船、侦察船等。

不过潜水艇不论排水量大小，习惯上都称艇。舰艇的动力装置现在除了常规动力外，不少已改为核动力型。

延 伸 阅 读

海军是高科技在军事应用上的缩影。空军、陆军没有航空母舰和潜水艇，而海军有两军几乎所有的兵种。现代海军可以进行空中、海上、临海陆地和岛屿、水下和海底的各种战争。

驱逐舰的多种用途

驱逐舰是一种多用途的军舰，也是海军重要的舰种之一，是以导弹、鱼雷、舰炮等为主要武器，具有多种作战能力的中型军舰。

在海军舰队中，由于驱逐舰的突击力比较强，主要用于攻击潜艇和水面舰船，舰队防空以及护航、侦察巡逻警戒、布雷、袭击岸上目标等，是现代海军舰艇中用途最广泛、数量最多的舰艇。

在赫尔戈兰湾海战中，首次大规模出动驱逐舰，英、德两国海军的驱逐舰作为主力舰队的护航舰艇都很好地完成了护航任务。

日德兰海战中，双方都出动了舰队主力，其中也包括大量的驱逐舰，并很快投入战场。

驱逐舰可以说是当时用得最多的舰艇了，那时的潜艇也不能对它造成多大威胁。

因为潜艇的性能低，速度慢，下潜的深度也小，而驱逐舰小巧灵活，航速达到了30节以上，潜艇想对驱逐舰发动突袭，几乎不可能，因此成为商船队不可缺少的护航力量。

随着战争的发展和任务的需要，这一时期的驱逐舰就已经具备了多用途性，并逐渐向大型化方向发展，所装备的武器也越变越强。

另外，驱逐舰的航速、续航力都有了很大的提高，尤其是美英两国的驱逐舰，已经发展成了可以伴随舰队在远海大洋机动作战的舰队驱逐舰。

法国的"美洲虎"级就是第一种大型的驱逐舰，它具有极高的航速和极强的武器装备，用以对付意大利的轻巡洋舰，能够在风浪很大的情况下进行作战，并且不会受到风浪的影响，但是为了追求高航速和重武装，不得不放弃装甲防护，反而失去了自身的防护能力。这也是法国驱逐舰最大的弱点。

由于飞机已成为重要的海上突击力量，驱逐舰开始装备大量小口径高炮，负责舰队的防空警戒和雷达预警任务，这时加强防空火力的驱逐舰便出现了，例如英国的"战斗"级驱逐舰。

现代驱逐舰装备有防空、反潜、对海等多种武器，既能在海

军舰艇编队担任进攻性的突击任务，又能担任作战编队的防空、反潜护卫任务，还可在登陆、抗登陆作战中担任支援兵力，以及担任巡逻、警戒、侦察、海上封锁和海上救援等任务。

延 伸 阅 读

导弹驱逐舰是以舰对舰导弹为主要武器对海上目标实施打击，兼有防空、反潜、护航等任务的多用途水面攻击型战舰。其主要作战任务是为大型舰队和运输船队护航。其他武器装备有舰炮、高炮、反潜深水炸弹、鱼雷等。

能远洋作战的巡洋舰

　　巡洋舰可以长时间巡航在海上，并以机动性为主要特性，拥有较高的航速，巡洋舰拥有同时对付多个作战目标的能力。

　　巡洋舰是在排水量、火力、装甲防护等方面仅次于战列舰的大型水面舰艇。

　　旧时的巡洋舰是指装备大中口径火炮，拥有一定强度的装甲，具有较强巡航能力的大型战舰，是海军主力舰种之一。可执

行海上攻防、破交、护航、掩护登陆、对岸炮击、防空、反潜、警戒、巡逻等任务。

　　长时期里巡洋舰弥补了轻型船只，如鱼雷艇与战列舰之间这个空档。巡洋舰能够抵挡较小船只的进攻，而且能够远离自己的基地航行。而当时的战列舰虽然作战威力大，但它们速度太慢又需要太多的燃料，所以只能待在基地附近。

　　19世纪至20世纪初，巡洋舰是一支舰队的远程威慑武器，它最大的作用是在海上作战和巡逻。由于巡洋舰比较注重速度，通常采用瘦长、有利于加速的船体，这样就能提高航行速度。

　　巡洋舰也被编入主力舰队作为侦察和警戒用，但一般不参加双方主力舰之间的对决。

　　随着战列舰的不断增大，巡洋舰的排水量也不断增大。19世纪初，首先出现的是带有风帆和蒸汽轮机的风帆巡洋舰。风帆被蒸汽机代替后出现了装甲巡洋舰和防护巡洋舰，装甲巡洋舰防护能力较好，排水量较战列舰和战列巡洋舰小。

　　防护巡洋舰虽装甲较薄，但航速高，在战争中发挥了巨大作用，其远洋战斗能力甚至超过了战列舰。于是各国争相发展具备一定装甲保护，可执行远洋作战、护航、巡逻任务的装甲巡洋舰。

　　一般装甲巡洋舰都装备175毫米至254毫米主炮，排水量可达15000吨至18000吨，航速一般在21节至26节左右。这对舰队核心战列舰造成一定威胁。

　　为了对付装甲巡洋舰的威胁，英国首先设计出了战列巡洋舰。由于战列巡洋舰火力强，航速高，一出现就成了装甲巡洋舰

的克星。

　　随着海军航空兵的崛起，巡洋舰的地位日渐衰落。在现代战争中巡洋舰实际上已经几乎消失了，它们的作用完全被驱逐舰所代替。

延　伸　阅　读

　　未来巡洋舰将具有隐身功能、战区导弹防御功能、与航母和两栖舰协同作战功能，和强大的对陆攻击功能；粒子束、激光、电磁炮等新概念武器，将优先在巡洋舰上得到验证，并优先装备。

护卫舰的作用

护卫舰是以导弹、舰炮、深水炸弹及反潜鱼雷为主要武器的轻型水面战斗舰艇。它的主要任务是为舰艇编队担负反潜、护航、巡逻、警戒、侦察及登陆支援作战等任务。

护卫舰和战列舰、巡洋舰、驱逐舰一样，也是一个传统的海军舰种，是当代世界各国建造数量最多、分布最广、参战机会最多的一种中型水面舰艇。

俄国建造了世界上第一批专用护卫舰，最初的护卫舰排水量

小，火力弱小，抗风浪性差，航速低，只适合在近海活动，这时期的护卫舰，虽然已经是海军的战斗舰艇，但还是更加类似海上巡逻舰。

随着战争的不断变化，护卫舰也有了分化：一种是护航驱逐舰；一种是用于近海巡逻的护卫舰或海防舰。

著名的护航驱逐舰有英国的"狩猎者"级、美国的"埃瓦茨"级、"巴克利"级和"拉德罗"级。

意大利和日本在二战中也建造了一批护航驱逐舰。这些护航驱逐舰标准排水量达1500多吨，航速提高到30节，主要装备76毫米或127毫米主炮，有的装有高平两用主炮，多门机关炮用于近程防空，备有数十枚深水炸弹，可以执行防空、反潜、护航等任务。

第二次世界大战后，护卫舰除为大型舰艇护航外，主要用于近海警戒巡逻或护渔、护航，舰上装备也逐渐现代化。在舰级划分上，美国和欧洲各国达成一致，将排水量3000吨以下的护卫舰和护航驱逐舰统一用护卫舰代替。

护卫舰开始向大型化、导弹化、电子化、指挥自动化的方向发展，现代的护卫舰上还普遍载有反潜直升机。

现代护卫舰与现代驱逐舰的区别并不十分明显，只是在吨位、火力、续航能力、持续性作战能力上较逊于驱逐舰，有些国家发展的大型护卫舰在某些方面甚至强于驱逐舰。

现代护卫舰已经是一种能够在远洋机动作战的中型舰艇，装备有反舰、防空、反潜导弹，以及鱼雷和水雷，还配备多种类型的雷达、声呐和自动化指挥系统、武器控制系统。有些护卫舰还装备两架舰载直升机，可以担负护航、反潜警戒、导弹中继制导等任务。

我国的054A型护卫舰装有HHQ16中程防空导弹垂直发射系统，可以同时拦截多个空中目标，提供优良的自卫防

空能力。

护卫舰的任务其实就是用于舰队和商船队的护航和反潜，近海的防卫和反击，它不具备远程防空拦截能力、对地攻击和远程反舰的能力。

延 伸 阅 读

美国海军"佩里"级护卫舰是一级性能适中的通用型导弹护卫舰，具有多种战术用途，可以承担防空、反潜、护航和打击水面目标等任务。尽管它的性能不如某些高性能舰艇，但因其价格适中而获得大批量建造。

导弹艇的战斗力

　　导弹艇又称导弹快艇，是海军舰队中的一种小型战斗舰艇，别看它小，战斗作用可不小。这是因为它装有导弹武器，使小艇具有巨大战斗威力，成为海洋轻骑兵，在现代海战中发挥着重要作用。

　　导弹快艇的主要武器是导弹，艇上装有对舰导弹2枚至8枚，

它们是一种巡航式舰对舰导弹，外形像飞机，弹体上有翅膀，尾部有尾翼，用来对付水面航行的军舰；有的导弹快艇装备有舰对空导弹，用来对付空中目标。

导弹快艇上除了装备导弹武器外，还装有舰炮，通常艇上装有两门舰炮，主要用于自卫。

大型的导弹快艇还装备有鱼雷、水雷、深水炸弹，还有搜索探测、武器控制、通信导航、电子对抗和指挥控制自动化系统。

在第三次中东战争中，埃及海军用苏制"蚊子"级导弹艇击沉了以色列2500吨级的"埃拉特"号驱逐舰。这是海战史上首次导弹艇击沉军舰的战例，它也显示了导弹艇的作战效能。

在第四次中东战争中，以色列的"萨尔"级和"雷谢夫"级导弹艇，成功地干扰了埃及和叙利亚导弹艇发射的几十枚"冥河"式导弹，使其无一命中；同时使用"加布里埃尔"式舰对舰导弹和舰炮，击沉击伤对方导弹艇12艘。

这是导弹艇击沉同类艇的首次战例，它也显示了导弹艇和其他舰艇向电子战能力方向发展的趋势。

这些海战的经验引起了各国海军的重视，于是竞相发展导弹艇，增强它的电子干扰和反电子干扰能力。至20世纪80年代初，已有约50多个国家拥有各型导弹艇750艘。

我国研制的"红箭"级导弹艇装备的雷达及电子设备并不很多，但大多是新型装备，不仅体积小、性能先进，而且可靠性、探测性能及抗干扰能力都有了很大提高，这使"红箭"级导弹艇除具备较强的对海探测能力外，还具有很强的对空探测及电子战能力。

面对信息化战争的新形势，导弹艇要换装新型雷达、数据接收系统和更新导弹，同卫星、无人机等监视装备相结合，以提高搜索追踪目标和精确打击的能力。

延 伸 阅 读

导弹艇具有以下特点：吨位小，排水量小，具有很好的隐蔽性，可对敌舰进行突然袭击；航速高，机动灵活，续航能力在500海里至3000海里；战斗威力大，导弹攻击距离远、命中率高。

核潜艇的优越性能

为了克服潜艇动力来源——柴油机和蓄电池的缺陷，人们很早就想把核反应堆搬到潜艇上，以提高潜艇的作战能力。

1957年，世界上第一艘核动力潜艇即美国的"鹦鹉螺"号核潜艇下水了。它一投入使用，就显露出超群的本领。1958年8月，"鹦鹉螺"号从冰层下穿越北冰洋冰冠，从太平洋驶进大西

洋，完成了常规动力潜艇所无法想象的壮举。

核潜艇在水下能长时间航行，对目标可进行突然攻击，加之航行的速度快，比普通潜艇速度快一倍多，因而能及时跟踪追击敌方潜艇。

在核潜艇上装备弹道导弹和鱼雷后，使它的攻击能力大大增强，不仅能在水下大显威风，进行反潜作战，而且能用来攻击敌方陆地上的战略目标，如交通枢纽、机场和工业中心等。

由于所安装导弹不同，出现两种类型：一类是近程导弹和鱼雷为主要武器的攻击型核潜艇；另一类是以中远程弹道导弹为主要武器的弹道导弹核潜艇，又称战略核潜艇。

攻击型核潜艇主要用于攻击敌水面舰艇和潜艇，同时还可担负护航及各种侦察任务。弹道导弹核潜艇则是战略核力量的一次

重要的转移。

在各种侦察手段十分先进的今天，陆基洲际导弹发射井很容易被敌方发现，弹道导弹核潜艇则以高度的隐蔽性和机动性，成为一个难以捉摸的水下导弹发射场。

弹道导弹潜艇主要武器是潜对地导弹，并装备有自卫用鱼雷。弹道导弹潜艇与陆基弹道导弹，战略轰炸机共同构成目前核军事国在核威慑与核打击力量的三大支柱，并且是其中隐蔽性最强、打击突然性最大的一种。

核动力潜艇的功率很大，有的可达两三万匹马力。它的航行距离比一般潜艇远多啦，可达一二十万海里，航行速度达到25节至30节以上。

核潜艇上的反应堆具有一定的放射性，可能给潜艇乘员的健

康带来一定的危害，因此在核潜艇上设有严密的防护装置。在反应堆外面包有用特殊钢板或铅板等制成的防护层，通向反应堆的管道外面也装有防护装置。

潜艇上还设有防放射性辐射的监视报警系统。为了保证乘员安全和健康，艇上的空气、食品和淡水要定期进行检查和消毒。

核潜艇和普通潜艇一样，今后也将向高速度、大深度和低噪音，以及提高探测能力、自动化控制能力等方面发展。

延 伸 阅 读

循环管路中的水经过反应堆，吸收由核燃料裂变产生的高温，水被加热处于高温状态。在循环泵的作用下，高温水在蒸汽发生器中变成高温高压蒸汽，再用蒸汽推动透平机转动，进而带动潜艇上的螺旋桨旋转，使潜艇在水中前进。

现代潜艇的形状

　　潜艇的样子并不威武，甚至可以说不怎么像普通的舰艇，它的形状称作"水滴型"或"纺锤形"，能减少水下运动时的阻力，以保证潜艇有良好的操纵性，使潜艇在水下游得又快又远。

　　潜艇的外壳里面还有一个内壳，也叫固壳。它是一个圆柱形的大筒子，主要为钢制，以保证潜艇在水下活动时，能承受与深度相对应的静水压力。外壳是钢制的非耐压艇体，不承受海水压力。

内壳里面用隔板分开，分成指挥舱、导弹舱、鱼雷舱、士兵舱等许多舱室。

潜艇内外壳之间的容积为主压载水舱和燃油舱等。潜艇之所以能潜善浮，主要就靠主压载水舱起作用。

单壳潜艇只有耐压艇体，主压载水舱布置在耐压艇体内。半壳潜艇，在耐压艇体两侧设有部分不耐压的外壳作为潜艇的主压载水舱。

耐压艇体内通常分为艏、舯、艉三大段，分隔成3个至8个密封舱室，舱室内设置有操纵指挥部位及武器、设备、装置、各种系统和艇员生活设施等，以保证艇员正常工作、生活和实施战斗。

现代潜艇在艏段安装有大型球形声呐基阵和鱼雷舱，在鱼雷舱内一般安装有4具至8具鱼雷发射管。

舯段有耐压的指挥室和非耐压的水上指挥舰桥。在指挥室及其围壳内，布置有可在潜望深度工作的潜望镜、通气管及无线电通信、雷达、雷达侦察告警接收机、无线电定向仪等天线的升降装置。

艉段主要安装有动力装置和传动装置。在艇身两侧一般还安装有声纳基阵。潜艇的艇首和艇尾都装有升降舵，它们和鱼的鳍一样，只要改变舵与水面的角度，就能使在水中航行的潜艇改变深度，向上或向下航行，操作很方便。

另外，艇尾装有螺旋桨和方向舵，能使潜艇左、右转弯或保持航行方向。大多数潜艇所用的动力是柴油机和蓄电池。现代潜艇的首要任务是攻击大中型水面舰艇，也可用来完成侦察、布雷和巡逻等任务。

我国的"元"级潜艇采用水滴线型艇体，艏部比较圆钝，艏

部空间充裕，艇艏上部用于布置6具鱼雷发射管后，艇艏下部还有较大空间安置声呐基阵。因此在艏部可以布置新型综合声呐，提高"元"级艇的搜索与跟踪距离。

延 伸 阅 读

　　世界上第一艘潜艇是荷兰发明家科尼利斯·德雷贝尔于1620年至1624年间制成并进行试验的。这种潜艇是用木料制成，外面蒙了一层涂油的牛皮潜水船，船上装载12名水手，船内装有羊皮囊充当水柜。

未来潜艇的特点

随着科学技术的发展和海战不断增长的需要，军事家们正在绘制着未来潜艇的蓝图，它们将具有以下特点。

未来新型核潜艇需要进一步减小自身尺寸，以获得在沿岸水域和浅海水域的更大活动空间，提高潜艇在未来信息化战场的制信息能力。

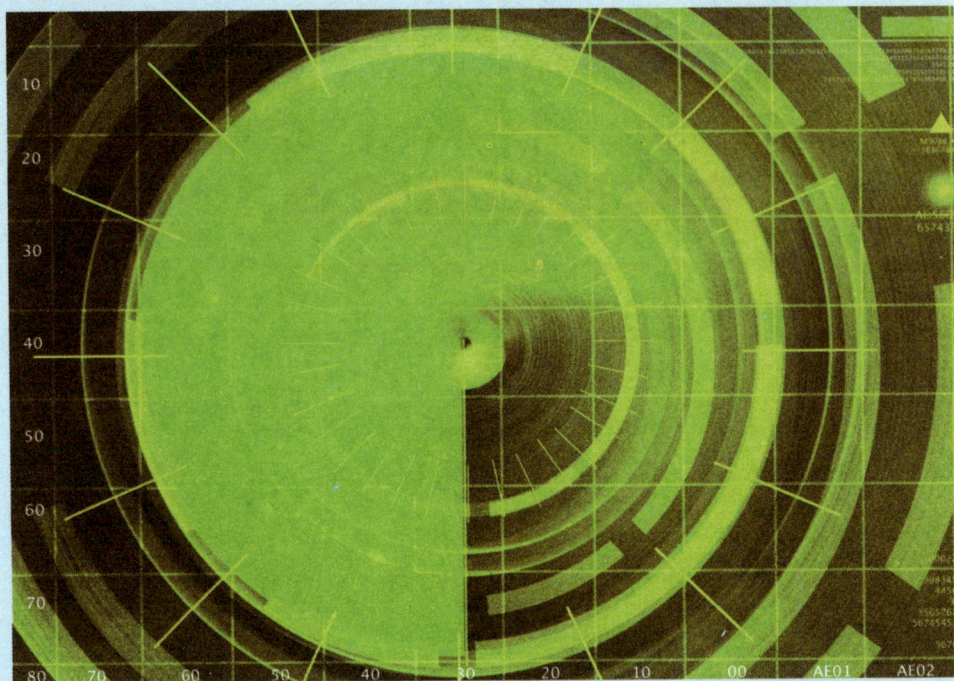

新型核潜艇向高速度迈进。潜艇航行速度快，既能预先占领有利的阵位，给对手以突然打击，又能迅速躲避敌方的攻击，保证自身的安全。

未来核动力潜艇的推进系统，将由现行的压水堆式反应堆与蒸汽涡轮的组合变为核反应堆直接产生电力，驱动电动机来获得推进动力。

外形设计方面，可能突破性地采取像鲶鱼一样光滑而扁平的设计。在内部构型上，进一步提高自动化指挥控制水平，在保证安全的前提下简化潜艇机械和动力系统；并在潜艇动力全电化的基础上实现设备的全电化，取消液压控制的操纵系统等设备。

为了提高获得信息的能力，发展艇壳共形声呐阵并扩大阵元数，使其能够同时侦听来自各个方位的水声信息。这种新型声呐阵列与传统的艏声呐、舷侧声呐和拖曳阵声呐相比，将大大改善潜艇的侦听性能，还可以降低成本。

新型核潜艇要增大下潜深度。下潜深度增加后，可使潜艇的活动范围更宽阔，以便更好地、更隐蔽地进行战斗，同时躲避敌人反潜兵力的攻击。未来的潜艇很可能由增强塑料来制造。

新型核潜艇要大力减小噪音，潜艇的发动机和螺旋桨在工作时都会发出噪音。噪音小，就能保证潜艇更隐蔽地活动，而且使敌人的声呐不易发现自己。我国的新型战略潜艇就已具备了超静音、高机动性的特点。

新型核潜艇要延长潜伏的时间，以保证更好地完成各种战术任务，还能处于隐蔽状态，不被发现。

现有核潜艇潜伏的最高纪录为90天，所以未来新型核潜艇定要打破这一记录，甚至时间更长。

新型核潜艇要采用中微子通信，加强与岸上联系；利用超声波对艇外进行全息摄影使潜

艇内的人员能清楚地看到艇外的立体图像。

　　新型核潜艇要使用先进武器。包括采用粒子束一类的先进武器。还要实现自动操纵，采用电脑和先进的控制装置，使潜艇的操纵、指挥全部实现自动化。

延　伸　阅　读

　　世界第一艘磁动力、潜水最深、排水最大、速度最快、无噪音潜艇在我国诞生。它用一流的加压技术，使潜水深度达到无限量。可直升直降飞行，恒定的磁动力飞入太空就像串门一样简单。

浮动的机场——航母

航空母舰是军舰现有舰种中吨位、体积、作战能力等方面均居首位的大型舰艇，人们称为"浮动的海上机场"，也称为海上军事基地或活动岛屿。

航空母舰上最显眼的就是与陆上飞机场跑道相似的飞行甲板。在一般军舰上，主甲板最长有200米左右，最短的只有10多

米，最宽也不超过40米，最窄只有几米。

　　航空母舰的飞行甲板特别长、特别宽，并呈多边形状。飞行甲板的面积要比一般军舰大几倍甚至10多倍。如美国"尼米兹"级核动力航空母舰总长332.9米，飞行甲板宽76.8米，相当于3个足球场的面积。

　　第一艘安装全通飞行甲板的航空母舰是由一艘客轮改建的英国的"百眼巨人号"航空母舰。它的飞行甲板长168米。甲板下是机库，有多部升降机可将飞机升至甲板上。可以搭载6架"幼犬"式战斗机和4架"肖特184"式水上飞机。1918年7月19日7架飞机从"暴怒号"航空母舰上起飞，攻击德国停泊在同德恩的飞艇基地，这是第一次从航空母舰上起飞进行的攻击。

　　航空母舰作为一种海上活动机场，可以在海上长时间航行。一旦战争需要，航空母舰立即开赴战区，舰载飞机即可迅速从航空母舰上起飞，投入战斗。

为适应海上作战，航空母舰载有多种武器与大量弹药。航空母舰上装载的飞机有歼击机、攻击机、反潜机、预警机、侦察机、加油机、救护机等机种，少至40多架，多至近百架。除此之外，航空母舰上还装备有各类火炮和导弹发射架等自卫武器。其装备的电子设备数量惊人。

一艘现代航空母舰，仅各种雷达发射机就约有80多部，接收机约有150余部，雷达天线近70个，无线电台百余部。此外还有各种各样的"战术数据系统"以指挥各种武器迅速准确地对敌射击。

航空母舰航行起来的速度并不慢，达30节至35节，相当于一般客轮的3倍至4倍，而这一切，全是由于航空母舰上有一套"劲儿"特别大的动力装置。

此外，航空母舰上所需要的电量也很大，一艘现代化的航空母舰上的总发电量达20000千瓦，与一座中等城市照明用电量差不多。

延 伸 阅 读

国外正在研究制造一种叫做"战争之岛"的新型舰船。它由数十只似船非船的方舟并接起来，可以随时拆装，随处移动，可分可合。美国正在研制一种可潜入水下的航空母舰。

在航母上起降的飞机

飞机在航空母舰上降落，尤其是在夜间或在天气不好的情况下，是最困难的飞行技巧。以美国航空母舰为例子，降落过程是这样的：

首先回归的飞机要进入环绕母舰的环型航线以降低飞行高度和速度。在降落时飞机的速度要降低到几乎失速的地步。飞行员将放下起落架，襟翼与空气减速板，将捕捉钩伸出，维持一定的速度和下滑速率。

在航空母舰的后部有4条拦截索。降落的飞行员必须捕捉钩挂

上其中一条。在最佳情况下他应该挂上第三条，假如他挂上前两条，那么他的下降角度太平，假如他挂上最后一条，那么他的下降角度太陡。

当飞机达到平衡时，在拦截索阻力的作用下，使飞机动能迅速下降，最多前冲60米至90米就能完全停滞下来。

飞行员会依照甲板上地勤人员的指示将发动机的推力降低并且离开降落区。在紧急情况下，比如飞机的挂钩损坏时，飞机无法使用拦阻索降落停下来，在甲板上可以拉起拦截网来协助飞机迫降。

在紧急情况下，尾部着舰钩放不下来，而机上燃油又已耗尽无法再复飞时，还可在降落区临时架设拦机网。拦机网高约4.5米，宽略大于拦阻索，由多股高强度尼龙带组成。飞机冲到网上之后，连机带网仅滑出40米至50米便会停止。当然，采用拦机网只是一种应急措施，因舰载机撞网后会受到不同程度的损坏。

　　美国航空母舰的拦截索缓冲器可使30吨重的舰载机以140节的速度着舰后滑跑91.5米停止。舰载机停下后，拦截索自动复位，迎接下一架着舰机的到来。

　　20世纪50年代以前，航空母舰由站在飞行甲板左端的着舰引导官双手持旗打信号指挥飞机着舰。但喷气式飞机上舰以后，这种方法已不适用。

　　1952年，英国海军中校格特哈特从女秘书对着镜子搽口红的动作中得到启发，设计出了早期的光学助降装置，也就是助降镜。它是一面大曲率反射镜，设在舰尾的灯光射向镜面再反射到空中，给飞行员提供一个光的下降坡面，飞行员沿着这个坡面并以飞机在镜中的位置修正误差，直至安全降落。

随着科技的不断发展，美国海军又研制出了全自动助降系统，它通过雷达测出飞机的实际位置，再根据航空母舰自身的运动，由航空母舰计算机得出飞机降落的正确位置，再在指令计算机中比较后发出误差信号，舰载机的自动驾驶仪依据信号修正误差，引导舰载机正确降落。

延 伸 阅 读

航空母舰按担负的任务，可分为攻击航母、反潜航母、护航航母和多用途航母；按舰载机种类，可分为固定翼飞机航母和直升机航母；按吨位，可分为大型航母、中型航母和小型航母；按动力，可分为常规动力航母和核动力航母。

核动力航母的优点

　　核动力航空母舰是以核反应堆为动力装置的航空母舰。它是一种以舰载机为主要作战武器的大型水面舰艇。

　　核动力航空母舰由于装备了核动力装置，使它具有了更大的机动性和惊人的续航力，更换一次核燃料可连续航行10年。而且，它可以高速地驶往世界上任何一个海域。"企业"号核动力航母的问世，使航空母舰的发展进入新纪元。

目前世界上只有美国海军发展核动力航空母舰。除美国外，法国也拥有一艘核动力航空母舰。

依靠核动力航空母舰，一个国家可以在远离国土的地方，在不依靠当地机场情况下对别国施加军事压力和进行作战。

核航母战斗群作为海军快速机动力量，用于完成以下战斗任务：

一是进行海上战斗，进行大规模海空正面决战。

二是在战争期间保护海上运输航道的使用与安全，特别是保护两栖部队的运输与任务执行。

三是从海上支援陆战部队，协同陆基飞机共同形成与维持特定地区的空中优势，夺取陆上战争的胜利。例如，在海湾战争和

伊拉克战争期间，美国就出动核航母战斗群，支援、协助陆战部队进行陆上战斗。

四是在海上展示力量时，以武力展示的手段满足国家利益需求。美国常常用这种方法达到政治目的。

核航母主要武器装备是它装载的各种舰载机，有战斗机、轰炸机、攻击机、侦察机、预警机、反潜机、电子战机。航空母舰是用舰载机进行战斗，直接把敌人消灭在距离航母数百千米外的领域。舰载机是航空母舰最好的进攻和防御武器。

除了舰载机外，航空母舰上也装备自卫武器，有火炮武器、导弹武器。航母的主要任务是以其舰载机编队，夺取海战区的制空权和制海权。

　　"尼米兹"级航空母舰是美国的一种多用途大型核动力航空母舰，是当今世界海军威力最大的海上巨无霸，所有这个级别的舰艇也都是核动力的。

延 伸 阅 读

　　法国"戴高乐"号航空母舰是一艘隶属于法国海军的核动力航空母舰，也是法国海军的旗舰。正式成军于2001年5月18日，其命名源自于法国著名的军事将领与政治家夏尔·戴高乐。

军用飞机的发展

军用飞机是直接参加战斗、保障战斗行动和军事训练的飞机的总称，是航空兵的主要装备。

飞机已经有了近百年的历史。第一架用发动机驱动的载人飞机，是美国莱特兄弟在1903年研制成功的。

1909年，美国陆军装备了第一架军用飞机，机上装有一台30马力的发动机。同年制成一架双座型飞机，用于训练飞行员。至

20世纪20年代，军用飞机在法、德、英等国得到迅速发展，远远超过了美国。

飞机最初用于军事主要是执行侦察任务，偶尔也用于轰炸地面目标和攻击空中敌机。

第一次世界大战期间，出现了专门为执行某种任务而研制的军用飞机，例如主要用于空战的歼击机，专门用于突击地面目标的轰炸机和用于直接支援地面部队作战的强击机。

第二次世界大战前期，单座单发动机歼击机和多座双发动机轰炸机，已经大量装备部队。

这个时期的俯冲轰炸机和鱼雷轰炸机等得到广泛使用，还出现了可长时间在高空飞行、有气密座舱的远程轰炸机，例如美国的B-29。

雷达在这个时期也装在了歼击机上，专用于夜间作战，其中比较成功的有英国的 "美丽战士"。

执行电子侦察或电子干扰任务的电子对抗飞机, 以及装有预警雷达的预警机也开始使用。

战后的几年, 喷气式飞机发展很快, 至1949年, 有些国家已拥有相当数量的喷气式飞机。后来, 又出现了歼击轰炸机, 它逐渐取代了大量使用的轻型轰炸机。

20世纪60年代, 出现了更多种类的歼击机, 大部分是超音速的, 此时的轰炸机也出现了许多, 但是多为亚音速的。还有飞行速度达3倍音速的高空侦察机。

20世纪70年代, 直接用于作战的飞机开始向多用途方向发展, 歼击机、歼击轰炸机和强击机三者的区别不是很大, 以致只能按这几种飞机研制或改装的首要目的确定其类别。

我国已经研制和生产了不同型号的喷气式歼击机、强击机和

轰炸机，还生产了不同类型的直升机、运输机、水上飞机和教练机等。

现代战争中，军用飞机在夺取制空权、防空作战、支援地面部队和舰艇部队作战等方面，都将发挥更重要的作用。

延 伸 阅 读

军用飞机特点：飞得快，最快的飞行速度已经是音速的3倍；飞得远，飞机借助空中加油，可以不停地飞到地球的任何一个地方；飞得高，最高的可以飞到35000米的高空；也能飞得低，低到离地面只有三五十米。

直升机的扫雷作业

通常，直升机扫水雷是用专用扫雷器进行扫雷作业的。扫雷器由直升机拖引在水面上。

直升机具有足够的力量拖引扫雷器。在直升机上安装有导航雷达、自动驾驶仪、后望镜、后望电视机和能自动松开拖缆的装置，以及自卫武器等，用直升机扫雷比用扫雷艇安全得多。

舰艇扫雷时，扫雷舰艇必须进入雷区，拖曳各种扫雷具实施，这对于舰艇和舰员都十分危险。美日韩在朝鲜战争的扫雷作

战过程中，损失了扫雷舰艇8艘，其中6艘被炸沉，2艘遭重创。然而，直至20世纪70年代，扫雷舰艇依然是唯一的扫雷平台。

美国海军吸取朝鲜战争扫雷的教训，为了避免水雷对舰艇和舰员的危害，很早就提出直升机扫水雷的概念。

因为利用直升机扫雷，平台和扫雷人员在空中控制，扫雷具则受人员控制在水中进行扫雷，人员和装备就不会受到水雷的威胁。

1964年开始利用改装的RH-3A直升机拖曳单舷展开的接触扫雷具尝试扫除锚雷。为了增大直升机的拖曳力，又利用海军陆战队的中型直升机改装为"海上种马"扫雷直升机，并于1974年装备部队使用。

直升机拖引的扫雷器有三种：

接触扫雷器专门用来扫除触发水雷，也就是锚雷。它有两根拖缆，上面系着许多爆破筒，用浮子使其漂浮在水中，并以定深器保持一定深度。当扫雷器遇到水雷时，爆破筒便爆炸，炸断使锚雷在水中漂浮的雷索，水雷浮出水面后用直升机上的机枪等武器将其击毁。

音响扫雷器是以模仿舰船的声响来引爆音响水雷的。

磁性扫雷器能产生磁场将磁性水雷引爆。

用直升机扫雷有两种方式：

一是单机扫雷，适用于狭窄水道，需要一段段分别扫除；

二是多机编队扫雷，多用于开阔的海面，编队机数为3架至6架。

直升机扫雷时其飞行

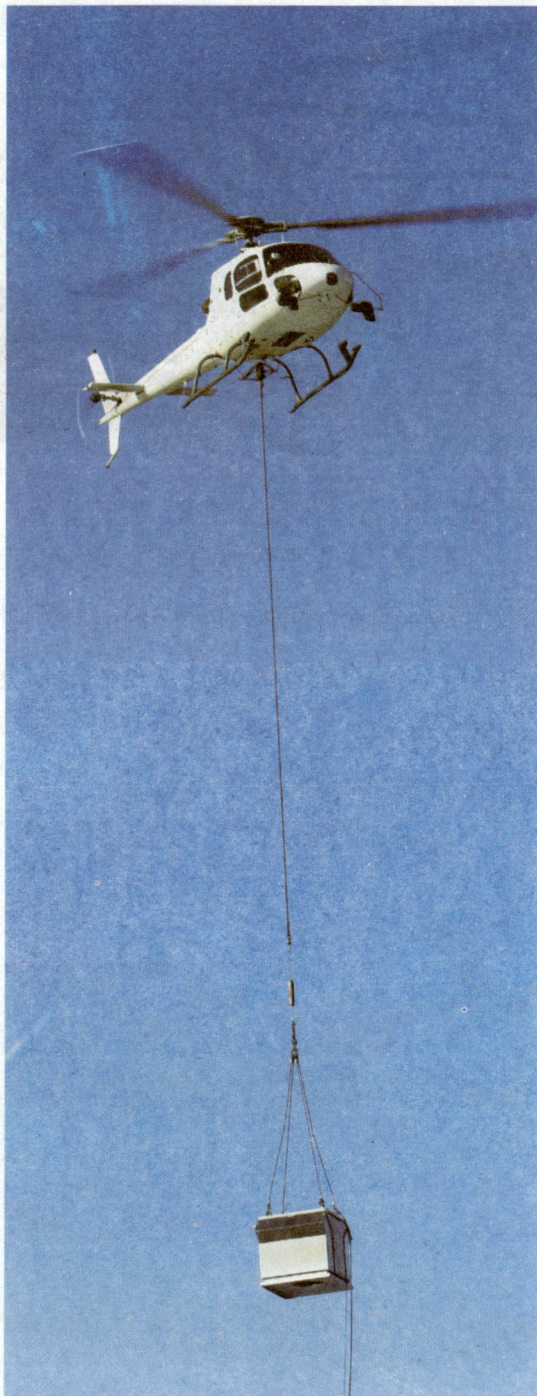

高度通常为40米至100米，飞行速度为每小时15千米至25千米。

在1973年的中东战争中，埃及在苏伊士运河中布放了水雷。

1974年春，美国的直升机作为国际扫雷部队的一部分参加了苏伊士运河的扫雷行动。12架直升机清理了由赛德港到苏伊士港水域内的水雷。

延 伸 阅 读

我国最新研制的FKY-1型遥控飞艇系统，是一种具有扫雷能力的飞艇，同时还具有留空时间长、飞行平稳、安全性能好、雷达反射截面小、使用维护简单、运行费用低等特点。

隐形飞机的工作原理

　　人们通过研究仿生学，并且应用了最新的技术和材料，终于在庞大的飞机上也实现了隐形。

　　隐形飞机的"隐身术"是专门用来对付雷达这个"千里眼"的。为了使雷达看不见，这种飞机的外形与一般飞机不同，做得很奇怪。

　　隐身技术也就是指在飞机研制过程中设法降低其可探测性，

使之不易被敌方发现、跟踪的专门技术，当前的研究重点是雷达隐身技术和外形隐身技术。

早在第二次世界大战中，美国便开始使用隐身技术来减少飞机被敌方雷达发现的可能。美国除了研制和使用隐形轰炸机和隐形战斗机外，还在研制远程隐形侦察机，并准备将隐形技术用于巡航导弹和卫星上。

采用能吸收电磁波的复合材料也能缩小飞机反射电磁波的面积。在飞机表面涂上能吸收电磁波的涂料，也能减弱对雷达电磁波的反射，使敌方的雷达不易发现。

从美国已公开使用的F—117A战斗轰炸机和B—2轰炸机来看，它们之所以具有"隐形"的本领，主要是由于其外形特殊，并采用了能吸收雷达电磁波的材料。

B—2型轰炸机的外形是个大扁片，没有垂直的尾翼，没有机身，也没有机翼，机身和机翼融为一体，整个飞机的外形曲线圆滑，呈流线型，不给电磁波以反射的机会。

因此，有的人不叫它飞机，而叫它"飞镖"或"飞翼"。

F—117战斗轰炸机又是另外一种格调。飞机的外表像一块块的板子拼接在一起，有棱有角，像玻璃幕墙一样。这种古怪的形状使雷达伤透了"脑筋"。

发出的电磁波一碰到这种轰炸机，不是被飞机表面的吸波性涂料吸收了，就是被镜面一样的"玻璃幕墙"反射到别的地方去了，雷达基本上收不到什么回波。

即使能够收到一点点，由于散射而造成的雷达测量误差，也会使"千里眼"上当。

由此可见，隐形飞机的外表和它所使用的非金属、吸波性材料是其"隐身术"的绝招。

为了更好地隐形，还要减少机身的强反射点或者说是"亮点"、发动机的噪声以及机体本身的热辐射等，因为这些方面的存在也容易"出卖"飞机的存在。

例如，美国SR-71"黑鸟"飞机就采用闭合回路冷却系统，把机身的热传给燃油，或把热在大气不能充分传导的频率下散发掉。

延　伸　阅　读

在1991年的海湾战争中，美军派出了42架隐形战斗机，出动1300余架次，投弹约2000吨，在仅占2%架次的战斗中去攻击了40%的重要战略目标，自身没有受到任何损失，被捧为战斗机中的骄子。

反潜机的本领

反潜飞机又叫做反潜机，是反潜飞行器的一种。反潜飞行器是专门用来反击敌方潜艇的。

严格地说，反潜飞行器包括反潜飞机、反潜直升机和反潜飞艇等。反潜飞行器的反潜本领来自于它装有的搜索和攻击潜艇的设备和武器。

对付水下潜艇，使用一般的光学和无线电侦察设备是无能为

力的，因为水会吸收光波和无线电波。幸亏科学家发明了声呐探测器，它可以通过声音来寻找潜艇。

声呐可以分成两大类，一种是固定安装在飞机上面，使用的时候放入海中监听，这种声呐都是安装在直升机上，操作时直升机悬滞在空中，将声呐以电线垂入水面下搜寻目标。

另外一种是以浮标的方式，从飞机上弹射到水中，利用电池产生的电力，以被动侦测或者是主动发出讯号搜索目标。浮标主要是把水中潜艇发出的噪音变成了无线电信号，自动送回飞机从而确定潜艇的位置。

现代反潜机除了装备有声呐外，还装有反潜搜索雷达、磁探测器和红外线探测器，以及电子干扰和照明系统等。

磁探测器利用潜艇自身具有大量金属材质，会影响地球表面磁力线的原理作为探测依据的，比起声呐，磁探测器的侦查范围比较广，同时不受到深度的影响。

　　配备磁探测器的飞机需要将探测的部分与机身分离，这样可以降低干扰。这些装置大多位于飞机的尾端，使用的时候向后延伸。直升机主要是以钢缆吊起拖在后方。

　　反潜机的武器装备除了普通炸弹外，还有深水炸弹、鱼雷、水雷和火箭等，可以说它兼具侦察机、轰炸机和攻击机的功能。

　　反潜机从起落地点来分，共有岸基、舰载和水上反潜机三大类。

　　岸基反潜机和陆上飞机一样，在陆地起落。主要代表是美国洛克希德公司的"奥利安"反潜机。

　　舰载反潜机是在航空母舰上起落的飞机，它除了具有反潜设备外，还具有在航空母舰上起落的本领。舰载反潜机的主要任务是随航空母舰执行机动反潜任务，包括对潜艇实行搜索、监视、定位和攻击。

　　水上反潜机是一种能在水上起落的飞机，即水上飞机。它除具有反潜性能外，还具有在水上起落的特点。水上飞机停泊在水面上时，能够把声呐悬放于水中探测潜艇，但是由于船身阻力大，航程短，只能在近海执行反潜任务。

延 伸 阅 读

　　1915年8月26日，英国空军一架双翼轰炸机在飞经比利时西北海域时，无意间发现德国潜艇，当即投掷两颗炸弹。1916年8月，奥地利的"洛内尔"双翼水上飞机突然对锚泊在威尼斯港内的一艘英国潜艇发起攻击，导致英国潜艇沉没。

多变的飞机机翼

飞机的机翼是可变的，它可以收拢和撑开，后掠角度也可变化。这种奇特的飞机，后来被人们称为"变翼飞机"，全称是"可变后掠翼飞机"。

为什么要使飞机的机翼可变呢？这是为了使飞机适应多种飞行状态的需要。

人们在观察老鹰扑食时可以看到，老鹰在空中飞行时，总是伸展双翼，低速盘旋；而当它发现地上猎物时，它会迅速收拢翅膀，像支箭似的高速冲到地面，以迅雷不及掩耳之势飞向猎物；

　　而当快飞到猎物跟前时，它又张开翅膀，缓缓落到猎物跟前，出其不意地叼起猎物，然后又收拢翅膀，飞快地冲向空中。老鹰正是利用翅膀后掠角的变化，来适应各种飞行状态的。

　　现代高速飞机都采用后掠翼或三角翼，这种机翼与机身夹角小，有利于超音速及高速飞行。但是却不利于低速巡航飞行，尤其在降落时，需要长长的跑道，十分麻烦。为了解决这个矛盾，

就出现了变翼飞机，即在各种飞行状态时，飞机的机翼可以及时地改变后掠角。

可变后掠翼飞机的机翼变化，也是一项高科技，它不仅涉及空气动力学理论，而且涉及机械原理、自动化原理和计算机技术。早期的变翼飞机，后掠角的改变靠飞行员用手控制，现在都改用电子计算机控制了。

可变后掠翼飞机机翼在斜翼位置时，整个飞机横截面积沿机身轴的分布较后掠翼飞机均匀，近似于流线体，因此在降低波阻力方面比后掠翼更为有利。

不过斜翼机也存在一些缺点，左右半翼连成一体虽然可以简化机翼与机身的连接结构，但是固定刚性较差。此外，由于左右半翼不对称，容易在滚转操纵时引起俯仰和偏航运动。

除了可变后掠翼飞机和斜翼飞机外，还有一种变形机翼飞机。变形机翼飞机的机翼除了机翼前后转动外，还可以通过左右

伸缩来实现机翼形状的改变。与可变后掠翼和斜翼飞机相比，变形机翼飞机的气动效率更高。当飞机采用这种技术以后，可使飞机在作战任务中按任务要求改变机翼外形。

延　伸　阅　读

　　斜翼飞机和一般平直翼飞机外形相同，不同之处是机翼可以沿机身的垂直轴线旋转，类似直升机的旋翼那样。不过直升机的旋翼是高速旋转，而斜翼机的机翼是慢慢移动。

无人飞机的作用

　　无人驾驶飞机简称"无人机"，是利用无线电遥控设备和自备的程序控制装置操纵的不载人飞机。

　　地面、舰艇上或母机遥控站人员通过雷达等设备，对其进行跟踪、定位、遥控、遥测和数字传输。

　　无人飞机可在无线电遥控下像普通飞机一样起飞或用助推火箭发射升空，也可由母机带到空中投放飞行。回收时，可用与普

通飞机着陆过程一样的方式自动着陆，也可通过遥控用降落伞或拦网回收。

　　无人飞机的用途和优点是互相联系的。它的优点是：轻便小巧，不容易被敌方雷达发现，生存率相对较高；可以远离指挥中心而深入到对方地区，持续24小时活动；可以在任何地方发射，用降落伞或回收网回收。

　　无人机最早是作为靶机训练飞行员和高射炮手用的。现在它用途广泛，主要是用来侦察，也用于监视、通信、反潜、电子干扰等。

　　侦察用的无人驾驶飞机，装有先进电子设备的能够进行电子侦察，装有照相机的就是照相侦察机，装有微光电视摄影机和红外传感器的可以作光电侦察，装有毫米波雷达或旁视雷达的能够进行雷达侦察，如果装有大气取样装置、核辐射计量装置等专用仪器，可以进到核爆炸区作核和化学侦察。

　　随着高新技术的发展和应用，无人机上的设备性能也在不断提高，同时还增加了一些新的装备，应用范围进一步扩大。如装备全球定位系统后，无人机可与侦察卫星和有人驾驶侦察机配合使用，形成高、中、低空，多层次、多方位的立体空中侦察监视网，使所获得的情报信息更加准确可靠。

　　无人飞机安装放大器链和收、发天线，可以作为中继通信平台，扩大通信的覆盖范围。无人飞机一样可以作为攻击武器用，挂载着导弹和制导炸弹的直升机可以袭击敌方雷达、导弹阵地和

坦克等军事目标。

现在人们正在制造出各种各样的像歼击机、轰炸机、侦察机的假飞机。以假乱真，骗敌人上当。

无人驾驶飞机将与孕育中的武库舰、无人驾驶坦克、机器人士兵、计算机病毒武器、天基武器、激光武器等，一起成为21世纪陆战、海战、空战舞台上的重要角色，对未来的军事斗争有较为深远的影响。

延 伸 阅 读

美国于1995年研制出世界上第一种隐身无人机，它就是"暗星"无人驾驶飞机。它机翼硕大，机身扁平，有头无尾，底部黑色，机上装有合成孔径雷达或电光探测设备，能显示0.3米的目标点。能自主起飞、自动巡航、自动更改路线。

隐形技术的发展

　　隐形技术是传统伪装术的延伸和高级发展，是用新的材料、新的设计和其他新技术对雷达实行欺骗的技术。

　　在新材料方面，有两种。一种是制造航天和航空兵器采用能吸收雷达波的材料，例如碳纤维复合材料；另一种是涂料。

　　日本和美国都已经制造出用铁氧体粉和氯丁橡胶等高分子材料合成的混合涂料，也可以用含有放射性元素"镉"或"钍"的涂料。还可以涂上一种轻的塑料和树脂，形成可塑性表面，雷达的电磁波碰到以后会被分解掉。这样，雷达发出的电磁波，或者

受到飞机、导弹外壳的分解抵消，或者受到涂层表面的分解抵消，雷达怎么会不失灵呢！

目前，隐形涂料已经广泛应用于飞机、军舰、坦克等装备外表，成为反雷达探测及防止电磁波泄漏或干扰的有效手段。

其中，等离子体隐身涂料在飞行器飞行过程中放射出强射线，高能粒子促使飞行器表面外的空气电离形成等离子体层，它对微波、红外辐射有很好地吸收效果。

在设计方面，改变飞机、导弹外形，不要有直角，尽量平整等，缩小雷达有效反射面积。

还有，就是采用激光设备替代一部分电子设备，采用埋入式或再生式发动机，采用高速燃烧，燃烧后热量能急速冷却的新型燃料等，尽可能减少电子辐射和热辐射，提高不让雷达发现的隐形效果。

　　近来，英国研发出一种电子伪装技术，能够使用一种"电子墨水"来让坦克"隐身"。

　　这种技术主要是在坦克车体上安装了电子传感器，这些传感器会把周围环境的影像反向投影到车体外部，使其融入到周围的景色中，从而使其"瞬间遁形"以规避攻击。

　　不仅如此，使用这种技术的坦克车体上的影像还会跟随环境的变化而变化，始终确保坦克处于伪装中。这样雷达就很难发现坦克的身影了。

　　红外隐身涂料是纳米级有机涂料，用于隐身涂料雷达波吸收剂。纳米超细粉末不仅能吸收雷达波，也能吸收可见光、红外线，可以逃避雷达侦察，同时也有红外隐身作用。通常，水下看不到的物体可以通过声呐探测到。但是，现在有的声学隐形技术

可以让你听不到。

美国于1985年研制出"海影"隐身舰，演示验证了隐身技术在未来海军中应用的可行性。"海影"舰上涂敷了能吸收雷达波的涂层，采取了控制水下噪声和红外辐射的措施，效果非常好。

延 伸 阅 读

美国科学家研制出一种声学隐形外罩，在一个特定空间中控制声波并将其弯曲或扭曲，水下物体在这种声学隐形外罩的遮挡下，甚至连声呐和其他各种超声波都探测不到。

军队的耳目——雷达

　　各种现代侦察手段中，用得最多的是雷达侦察。天上、地上、海上，陆海空军中到处都有雷达。

　　发展到今天的雷达，真正成了战场上的"千里眼"。它可以发现数千里外的目标。它几乎不受昼夜各种天气条件限制，全天时、全天候地工作。它能够自动搜索和跟踪目标。它能够按照预先编好的密码，通过一定的附属设备辨别敌我。世上还没有别的侦察手段能替代它。

用于地面侦察的军用雷达，现在有如下几种类型：

战场侦察雷达，也叫地面活动侦察雷达，主要是陆军侦察部队用来侦察、监视地面的兵器、车辆、人员和低空飞机活动情况的。

这种雷达技术先进，使用灵活，具有手控和自动扇扫两种工作方式。生存能力强。可遥控工作，使用遥控电缆，可在最远35米处操纵。

警戒雷达，配置在沿海、边防和纵深地区，有的设在高山上，用来发现远距离的飞机、导弹和舰艇，保证自己有充分的战斗准备时间。

还有一种超视距雷达，用来探测从地面发射的洲际导弹、部分轨道式轰炸武器，以及可以作超低空飞行的高速战略轰炸机。

超视距雷达能在导弹发射后一分钟发现目标，3分钟提供预警信息，预警时间可长达30分钟。

超视距雷达在警戒低空入侵的飞机、巡航导弹和海面舰艇时，可以在200千米至400千米的距离内发现目标。与微波雷达相比，超视距雷达对飞机目标的预警时间约可增加10倍。

电子计算机等现代高科技的发展，为雷达向"智能化"发展创造了有利条件。目前，人们已经研制出一些能够识别敌方和我方飞机的"智能雷达"。

另外，还有一种采用微波成像技术的智能雷达，它通过微波来给飞机照"快相"，电子计算机得到飞机在不同位置上的众多

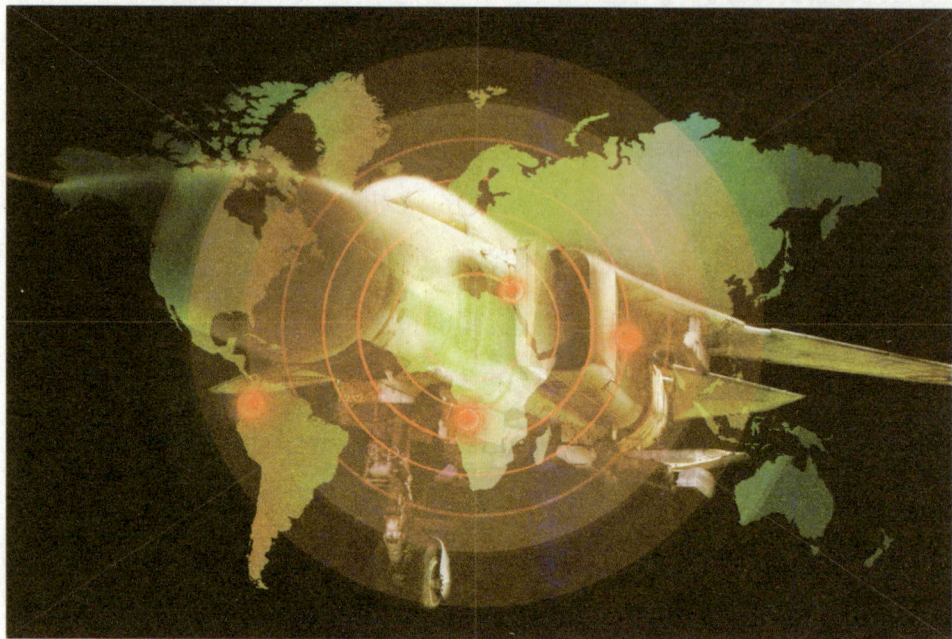

"快相"，对这些"快相"进行处理之后即可辨认出各种不同的飞机。不过，这种雷达由于需要花费较长时间来对飞机拍摄每张微波"快照"，往往会贻误战机。

延 伸 阅 读

雷达是无线电定位。它利用物体对无线电波的反射特性，探测飞机、导弹、舰船、车辆、兵器、桥梁、居民点等目标，测定目标的位置，包括距离、高度和方位角。雷达的实际应用，开始于第二次世界大战中的英德空战。

军用卫星的用途

军用卫星是为军事服务的卫星，是一种现代化的新型武器。它包括侦察卫星、预警卫星、拦击卫星、导航卫星、军用气象卫星和军用测地卫星等。

侦察卫星号称"太空间谍"，它按观察设备的不同，又分照

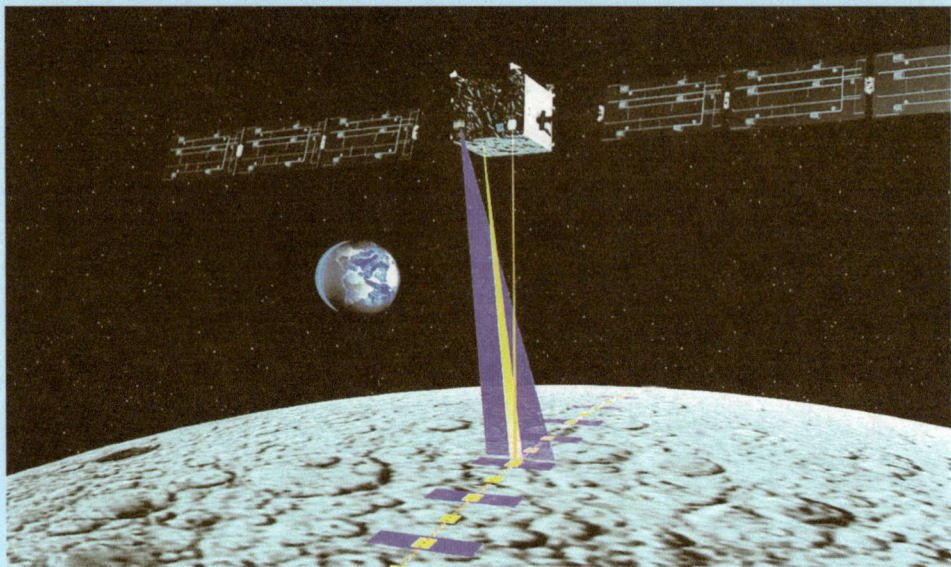

相侦察卫星、电子侦察卫星等数种。照相侦察卫星是利用可见光照相机或电视摄像机对目标进行照相侦察；电子侦察卫星则是利用无线电波接收的方式，从敌方雷达、军用电台等无线电设备中窃取情报信息。侦察卫星大都采用近地轨道运行，距地球最近时只有150千米至300千米，所以窃听能力很强。

预警卫星是对付导弹袭击的，这种卫星上装有红外线探测器和电视摄像机等仪器，当对方导弹发动机一点火，喷出高温燃气时，就可以探测到，所以叫"预警卫星"，即不用等导弹发射到己方阵地，就可以预先警觉出来。预警时间可达30分钟，这足以使自己的导弹快速出动去拦击对方导弹。

拦击卫星就是用卫星去打卫星，它是攻击军用卫星的武器，是反卫星武器的一种。这种卫星在未来战争中的作用更加重要。有一种拦击卫星号称"杀手卫星"，以牺牲自己，与敌方卫星同归于尽的爆炸方式来拦击敌方卫星。

导航卫星是通过发射无线电信号，为地面、海洋和空中军事用户导航定位的人造地球卫星。军用导航卫星原先主要为核潜艇提供在各种气象条件下的全球定位服务，现在也能为地面战车、空中飞机、水面舰艇、地面部队及单兵提供精确的所处位置、时间的信息。

军用气象卫星是为军事需要提供气象资料的卫星。它可提供全球范围的战略地区和任何战场上空的气象资料，有保密性强和图像分辨率高的特点。

军用测地卫星能够不间断地为军事目的而进行大地测量。可以测得地球的真实形状及大小，重力场和磁力场分布情况、地球表面诸点的精确地理坐标及相关位置等，对战略导弹的弹道计算和制导有很大帮助。测地卫星可测定地球上任何一点的坐标和地

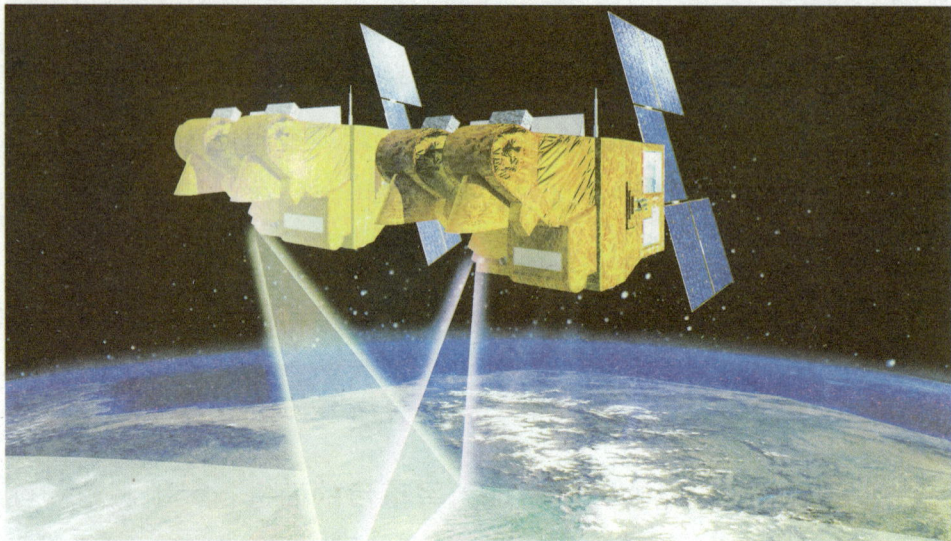

面及海上目标的坐标。

　　军用卫星的主要发展趋势是将各类卫星组成一体化信息网，提高信息获取能力、传输能力和融合能力，增强生存能力、抗干扰能力和工作寿命。

延　伸　阅　读

　　照相机卫星第四代"大鸟"号装有两台照相机和侧视雷达，它从160千米高度拍的照片，可以数出飞机中的人数，可以认出飞机的机徽和机号；预警卫星在海湾战争中的使用，使"爱国者"导弹成功地拦击了伊拉克"飞毛腿"导弹。

军事侦察卫星的作用

当代的军事侦察卫星，可以称得上是一双真正的"千里眼"，它具有以下优点：

一是速度快。如果是近地轨道上的侦察卫星，每秒钟大约飞七八千米，一个半小时左右就可以绕地球一圈。这种侦察卫星速度比火车、汽车快几百倍，比起超音速飞机也得快10多倍或20多倍。

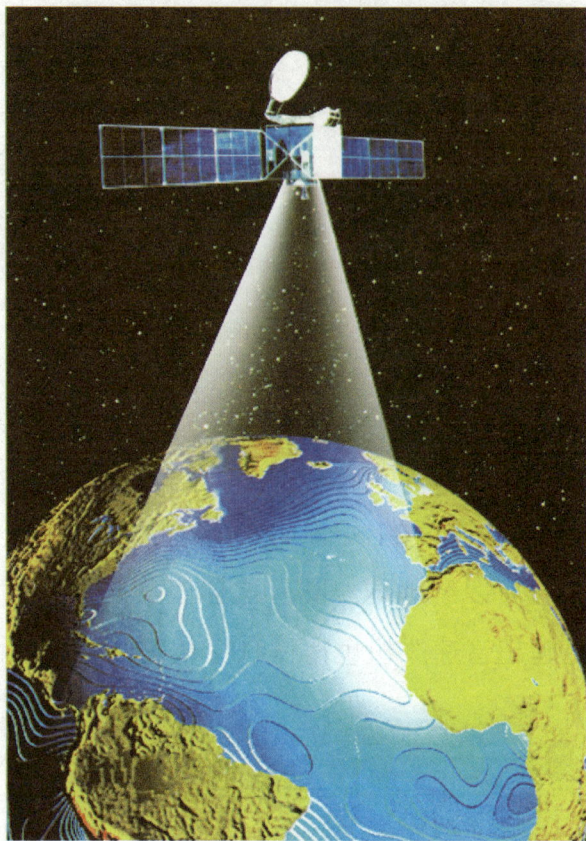

二是范围广阔。飞机和卫星作比较，同样都是20度的视角，从3000米高度的飞机上能看到地面一平方千米的范围，从300千米高空的卫星上看地面，就可以看到10000平方千米，看到的范围相差万倍以上。有人做过计算，说在高空飞机上把我国拍摄一遍，需要拍100万张照片，用10年的时间；如果用卫星拍摄，只需拍500多张照片，花不了几天的时间。

三是受限制少。要是在对方地面上拍军事目标的照片，对方一定会把你抓起来问罪。你到我空中来照相也不行，侵犯领空主权，飞机也会被打掉。天上卫星谁能管得着它呢？它有超越国境的自由，而无侵犯领空的麻烦。高山、大海、荒漠戈壁、茂密森林，人无法到达的地方，都阻挡不了卫星去侦察。

由于侦察卫星具有侦察面积大、范围广，速度快、效果好，可以定期或连续监视，不受国界和地理条件限制等优点，世界上许多国家都在大力发展这种卫星，其中美国和苏联等国研制较早，并且发射量也非常大。

1973年10月中东战争期间，美、苏竞相发射卫星来侦察战况。美国间谍卫星"大鸟"拍摄下了埃及第二、三军团的接合部没有军队设防的照片，并将此情报迅速通报给以色列，以军装甲部队便偷渡过苏伊士运河，一下子切断了埃军的后勤补给线，转劣势为优势。在此同时，苏联军方也带着苏联间谍卫星拍摄下来的照片，匆匆飞往开罗，劝说埃军停火。

"大鸟"之所以看得清楚，因它长着3只明察秋毫的"大眼睛"。一只"眼睛"是一架分辨力极高的详查照相机，可以看清在地面上行走的单个行人；另一只"眼睛"是一架新型胶卷扫描普查照相机，用它来进行地上大面积普查照相；第三只"眼睛"

最神秘，它是一个可以在夜间看见地下导弹发射井的多光谱红外扫描照相机。不过，军用侦察卫星也有缺陷，这就需要科学家们不断研究和改进了。

苏联"宇宙"954号海洋间谍卫星主要是用来探测、跟踪世界海洋上的各种舰艇。通过截获舰艇上的雷达、通信和其他无线电设备发出的无线电信号，对海上的军事目标进行监视。

战争机器人的发展

　　提到机器人，人们会想到工业生产流水线上的焊接机器人、喷漆机器人，或者看到过各种服务性的机器人。目前，机器人也已经大量用于军事方面。

　　1966年，美国海军使用机器人"科沃"，潜至750米深的海底，成功地打捞起一枚失落的氢弹。

　　有一个被称为"轮桶"的机器人，曾在英国陆军服役期间，

参加了一次反恐怖斗争，多次排除恐怖分子设置的汽车炸弹，保障了人民的生命安全。

固定防御机器人是一种外形像"铆钉"的战斗机器人，身上装有目标探测系统、各种武器和武器控制系统，固定配置于防御阵地前沿，主要执行防御战斗任务。当无敌情时，机器人隐蔽成半地下状态；当目标探测系统发现敌人冲击时，即靠升降装置迅速钻出地面抗击进攻之敌。

美国研制的奥戴提克斯步行机器人主要用于机动作战。它外形酷似章鱼，圆形"脑袋"里装有微电脑和各种传感器和探测器，能自行辨认地形，识别目标，指挥行动。只要给它一些武器装备，就立即能成为某一部门的"战士"。

1991年美国就开始使用机器人清扫现场了。这种机器人装有探雷器和使地雷失效装置，主要用于协助攻击分队在各种雷场中开辟通路，并进行标示。因此这类机器人也叫排雷机器人。

美国研制的交通警察战场机器人，它安装了多种传感器，可用于探测建筑物、掩体、隧道等处的地雷；蜜蜂式控雷机器人则具有较快的飞行速度，可以迅速而准确地发现地雷的位置，并通过自身携带的仪器对地雷进行引爆。

战术侦察机器人主要配属侦察分队，担任前方或敌后侦察任务，是一种仿人形的小型智能机器人，身上装有步兵侦察雷达，或红外、电磁、光学、音响传感器及无线电和光纤通信器材，既可依靠本身机动能力自主进行观察和侦察，还能通过空投、抛射到敌人纵深，选择适当

位置进行侦察，并能将侦察结果及时报告有关部门。

随着科学技术的发展，机器人的功能会得到不断完善。把微处理器安装到机器人身上，可以使机器人有大脑、眼睛、耳朵、嘴巴、手和脚，成为一个高级智能机器人。

延 伸 阅 读

在未来的战场上会出现一种"电子武士"，他头戴高科技电子头盔，有通信、防护和伪装功能。随身携带健康传感器和电子地图；身着变色军装，还配备有定位仪的手表，可以和3颗卫星联系。

核武器的巨大威力

核武器是利用核反应的光热辐射、冲击波和感生放射性造成杀伤和破坏作用，以及造成大面积放射性污染，阻止对方军事行动以达到战略目的的大杀伤力武器。

核反应不同于化学炸药爆炸的特征，这使核武器具备特有的强冲击波、光辐射、早期核辐射、放射性沾染和核电磁脉冲等杀

伤破坏作用。

冲击波以超音速向四周传播，随距离的增加，传播速度逐渐减慢，压力逐渐减小最后变成声波。

冲击波的直接杀伤是通过挤压人体内脏和听觉器官，及其动压使人体抛出，撞击地面或其他物体造成的。间接杀伤是指被冲击波破坏的物体，或抛射的物体作用于人体造成的损伤。冲击波也能破坏工事、建筑物和武器装备。

光辐射就是核爆炸时从温度高达数百万、几千万度的火球辐射出来的光和热。它可造成人员皮肤烧伤、视网膜烧伤、闪光致盲；光辐射还能使木、棉、橡胶、塑料制品熔化、碳化、燃烧，使火药燃烧、熔化；还能引爆炸药，引起火灾。

早期核辐射是指核爆炸前10多秒内放出的射线和中子流。前者以光速传播，后者速度也可达每秒数千米至几千万米，两者均有很强的穿透能力。早期核辐射能引起人员、牲畜的放射病。

核爆炸产生的放射性沉降物质对地面、水、空气、食品、人体、武器装备等造成的污染，称为放射性沾染。对于暴露的人员，放射性物质的各种射线将使其患放射病。放射性沾染进入人的体内组织，也会引起放射病。

核爆炸瞬间释放的射线与周围的分子、原子相互作用产生大量带电粒子，这些粒子高速运动，在爆心周围形成很强的瞬时电磁场，并以波的形式向四面八方扩散传播，这就是核电磁脉冲。

核电磁脉冲场强很高、频谱很宽，传播速度快，作用范围比光辐射、冲击波和早期核辐射大得多。它能在导体中感生出很大的瞬时电压和电流，干扰或破坏无

防护的电子设备、电路和元器件。

原子弹、氢弹等核武器爆炸产生的冲击波、光辐射、贯穿辐射和放射性污染的杀伤半径可达几千米至几千千米，并能对目标造成综合性的杀伤和破坏，其威力自然比普通炸弹和炮弹要大得多。

延 伸 阅 读

1945年，美国先后在日本的广岛和长崎投下了仅有的两颗原子弹。这场人类有史以来的巨大灾难，造成了10万余日本平民死亡和8万多人受伤。原子弹的空前杀伤和破坏威力，震惊了世界。

热核武器——氢弹

最初制造的氢弹是以氘和氚作为核聚变装料的，由于它们都是氢的同位素，所以，人们把这种武器叫做氢弹。可是，为什么在一些场合又把它称为热核武器呢？

所谓热核武器是指在非常高的温度下，把轻原子核聚变成重原子核而释放出巨大能量的一种武器。

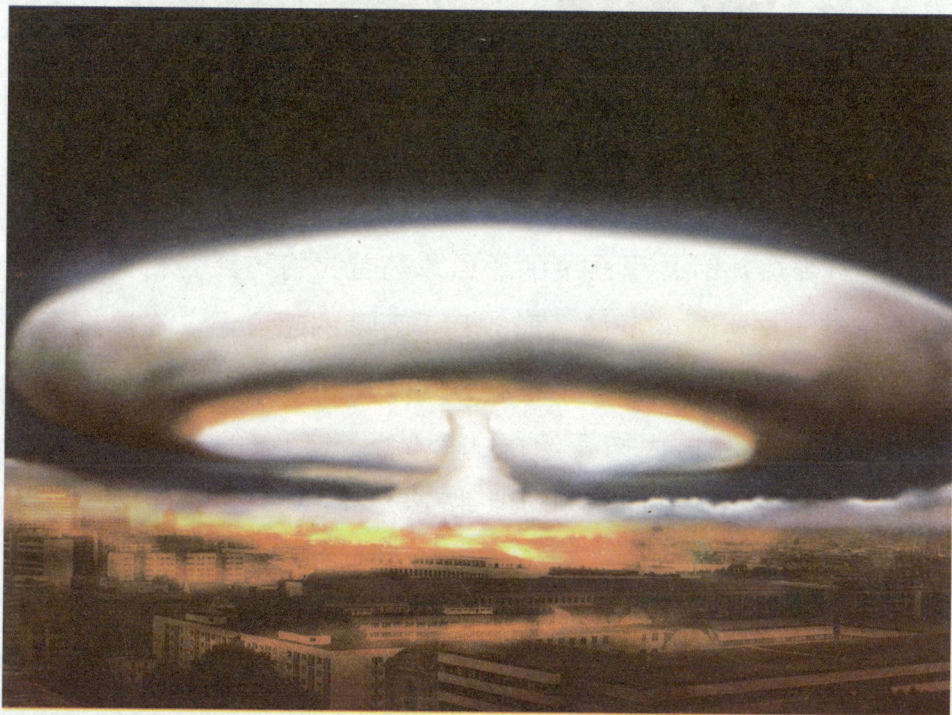

　　随着原子弹的研制成功，人们借助核裂变释放出的巨大能量，人为地制造了这个超高温的条件，从而使聚变反应得以实现。

　　当氢弹爆炸时，里面装的普通炸药首先将核聚变材料铀或钚迅速压缩，产生裂变反应，形成几千万度的超高温。在这样高的温度下，核聚变材料氘和氚的核外电子都被剥离掉了，形成了一团由裸原子核和自由电子组成的气体，氘和氚的核子以每秒几百千米的速度相互碰撞，剧烈地进行合成反应。

　　在形成新氦的同时，放出大量的聚变能量，完成爆炸过程。由于这种聚变反应是在极高温度下进行的，所以人称热核反应，反应所用的轻核材料叫做热核燃料，利用这种材料进行爆炸的氢弹，也就叫做热核武器了。

氢弹的杀伤破坏因素与原子弹相同，但威力比原子弹大得多。原子弹的威力通常为几百至几万吨级梯恩梯当量，氢弹的威力则可大至几千万吨级梯恩梯当量。

还可通过设计增强或减弱其某些杀伤破坏因素，其战术技术性能比原子弹更好，用途也更广泛。

三相弹是目前装备得最多的一种氢弹，它的特点是威力较大。

氢弹的运载工具一般是导弹或飞机。为使武器系统具有良好的作战性能，要求氢弹自身的体积小、重量轻、威力大。

因此，比威力的大小是氢弹技术水平高低的重要标志。当基本结构相同时，氢弹的比威力随其重量的增加而增加。

在实战条件下，氢弹必须在核战争环境中具有生存能力和突防能力。另外，还要采取有效措施，确保氢弹在贮存、运输和使用过程中的安全。

延 伸 阅 读

氢弹比原子弹优越的地方在于：单位杀伤面积的成本低；自然界中氢和锂的储藏量比铀和钍的储藏量还大得多；所需的核原料实际上没有上限值，这就能制造梯恩梯当量相当大的氢弹。

基因武器的研制

　　美国已经研制出一些具有实战价值的基因武器。他们在普通酿酒菌中接入一种在非洲和中东引起可怕的列隔热细菌的基因，从而使酿酒菌可以传播列隔热病。另外，美国已完成了把具有抗四环素作用的大肠杆菌遗传基因与具有抗青霉素作用的金色葡萄球菌的基因拼接，再把拼接的分子引入大肠杆菌中，培养出具有抗上述两种杀菌素的新大肠杆菌。

　　俄罗斯已利用遗传工程学方法，研究了一种属于炭疽变素的新型毒素，可以对任何抗生素产生抗药性，据说目前找不到任何解毒剂。以前还曾传说苏联将眼镜蛇毒与流感病毒结合，使患者同时出现流感和蛇毒症状，除了这个，苏联还研究出了一种毒素，20毫克可以杀死50亿人。由于战争模式不断发生变化，敌对双方可能在战前使用基因武器，使对方人员及生活环境遭到破坏，导致一个民族、一个国家丧失战斗力，经济衰退，在不流血中被征服。基因武器又称作第三代生物战剂，主要有以下几类：

　　微生物基因武器是生物武器库中的常见家族，包括：利用微生物基因修饰生产新的生物战剂、改造构建已知生物战剂、利用基因重组方法制备新的病毒战剂；把耐药性基因转移，制造出耐药性更强的新战剂。

种族基因武器，也称"人种炸弹"，是针对某一特定民族或种族群体的基因武器。其只对某特定人种的特定基因、特定部位有效，故对其他人种完全无害，是新式的超级制导武器。

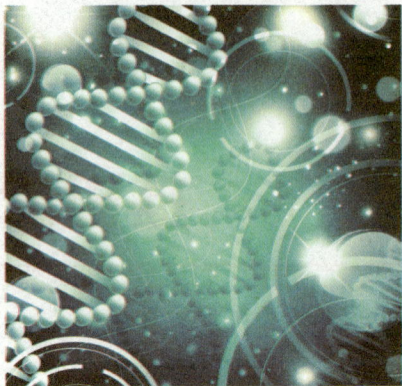

转基因食物利用基因技术对食物进行处理，制成强化或弱化基因的食品，诱发特定或多种疾病，降低对方的战斗力；研制转基因药物，通过药物诱导或其他控制手段既可削弱对方的战斗力，也可增强己方士兵的作战能力，培育未来的"超级士兵"。

克隆武器利用基因技术产生极具攻击性和杀伤力的"杀人蜂"、"食人蚁"或"血蛙"类新物种，再利用克隆技术复制，未来战场上出现怪兽追杀人的残酷场面将会成为现实。

延 伸 阅 读

基因武器可以用人工、飞机、导弹或火炮把经过遗传工程发行过的细菌或带有致病基因的微生物，投入河流、城市或交通要道，让病毒自然扩散、繁殖，使人在短时间内患上一种无法治疗的疾病，使其在无形战场上丧失战斗力。

精确制导武器

精确制导武器，是以微电子、电子计算机和光电转换技术为核心的，以自动化技术为基础发展起来的高新技术武器，它是按一定规律控制武器的飞行方向、姿态、高度和速度，引导战斗部准确攻击目标的各类武器的统称。

红外线导航就是一种通过红外输出信号来发现目标，并且跟踪目标，同时，发现目标的信号经过处理并通过执行装置来控制导弹飞向目标。

除了利用红外线进行制导以外，主要的制导方式还有无线电

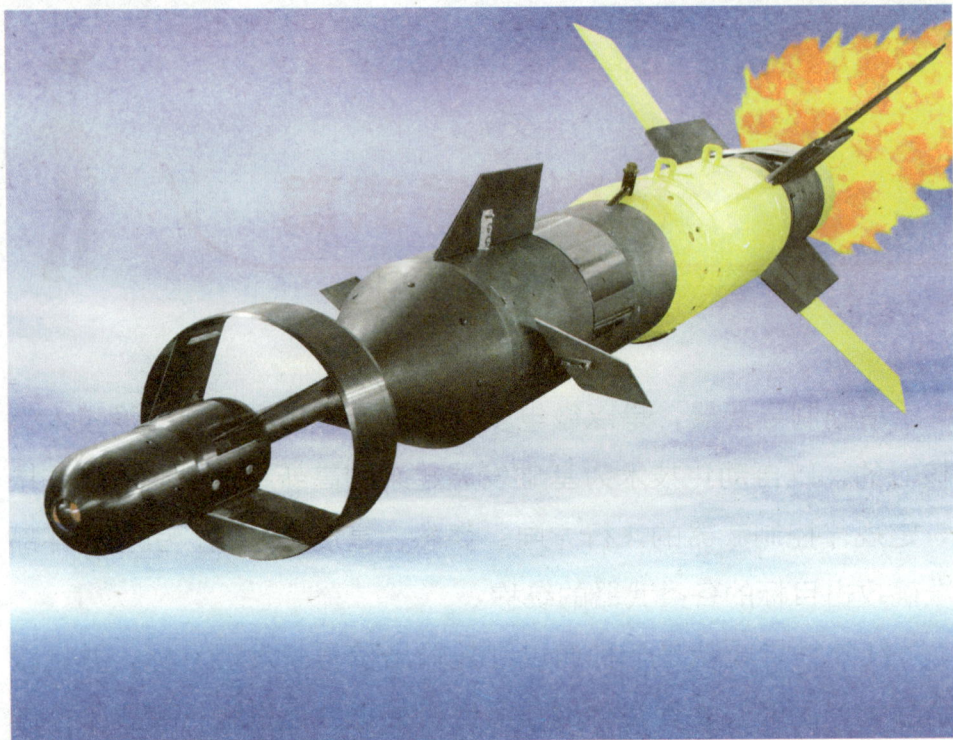

波制导、激光制导、雷达制导等方式。其中，激光制导是利用激光来进行跟踪和导引物体的制导方法。不同的制导方式各有优劣，在不同的条件下能够发挥自己的用途。

在制导武器自成一个系统的武器家族中，大量的是大大小小各式各样的导弹，同时还发展有制导炸弹、制导炮弹、制导鱼雷、制导地雷等。

制导炸弹，也叫做灵巧炸弹。同普通炸弹不同的地方在弹体内有制导装置，可以自动控制。它又不同于导弹，本身没有动力装置，靠飞机投弹时给予的初速滑翔飞行，然后靠本身的制导装置，修正偏差，准确地命中目标。

制导炸弹的制导方式有激光、红外和电视等，目前已经发展有十多种类型。

制导炮弹发射和战斗过程同普通炮弹一样，不同的地方在弹丸上装有制导系统。

它本身没有动力装置，靠炮弹从火炮中发射瞬间获得的初速，弹体的稳定翼和控制舵稳定炮弹飞行，然后在制导装置作用下，自动导向目标。

制导炸弹有激光和毫米波等几种制导方式。主要用来毁伤坦克、装甲车辆、舰艇等活动目标。

正在发展中的一种趋势是，用普通火炮发射导弹，这就是炮射导弹。

导弹的装填、发射都和普通炮弹一样。它可以用榴弹炮、自行小高炮也可以发射防空导弹。火炮不仅是炮弹，也是导弹的发射器，使火炮和导弹成为综合体、基本的火力单位，具备火炮和

导弹的双重作战功能。

制导地雷、制导鱼雷，都增加了高技术的制导系统。现在已经有一种快速机动布设器材，早已不是我们在电影"地雷战"中看到的，用人工埋设，用绳索绊拉。地雷本身也不容易被扫除。

延 伸 阅 读

有一种智能化水雷，对目标能进行分类识别，要炸航空母舰就能放过其他舰船。它综合了水雷、鱼雷、导弹和火箭的技术特长，能设在水下6000米深处，猎雷艇和其他猎雷装备很难发现和消灭它。

反卫星武器的发展

随着航天活动的蓬勃开展，空间也逐渐成了军事争夺的场所。早在20世纪60年代末期，苏联就首先研制试验了一种拦截卫星，也是最早出现的一种反卫星武器。

这种反卫星武器，是利用空间雷来击毁敌方卫星的。它是将空间雷装在一个小卫星上，用火箭发送到与目标相近的空间轨道上，然后逐渐靠近目标。当空间雷与敌方卫星交会时，利用自身爆炸产生的碎片来击毁卫星。

美国很快也研制成一种反卫星武器。这种反卫星武器既可由

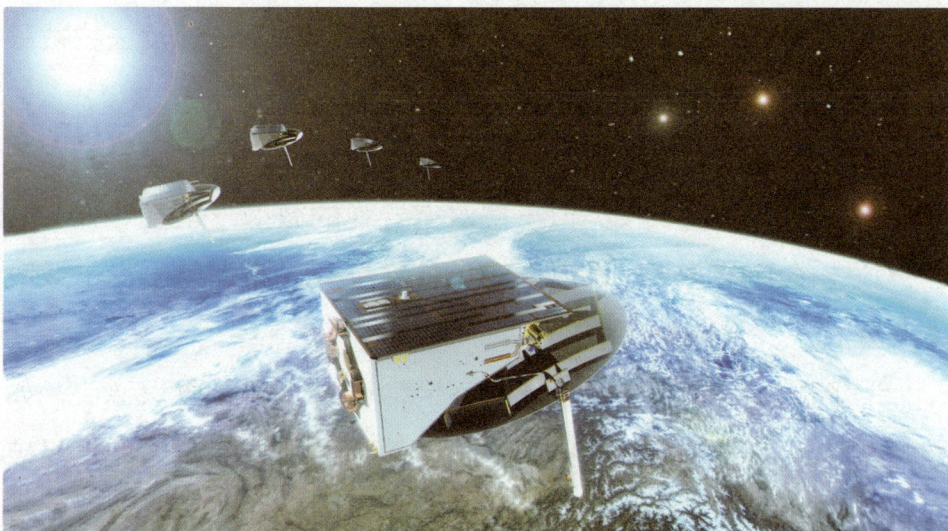

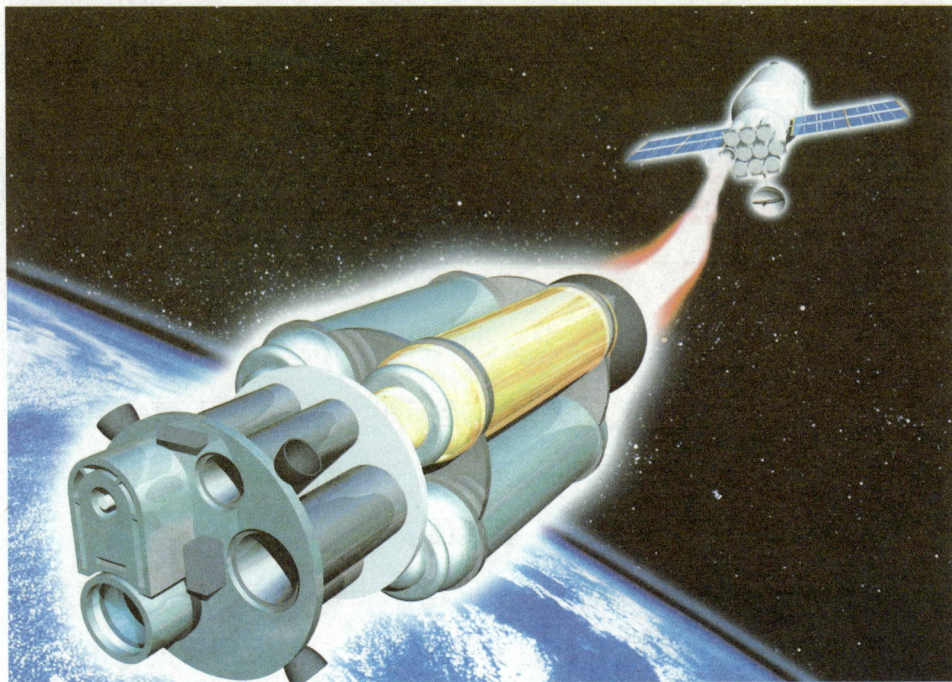

地面运载火箭发射，也可从飞行在空中的战斗机上发射。

它的样子很像个铁皮罐头盒，高约0.45米，直径为0.3米，重15000克。

当它进入敌方卫星轨道时，能以每秒12000米的速度去拦截敌方卫星，用硬碰直撞的方式将目标摧毁。

此外，还有一种用爆炸的动能或碎片击毁卫星的武器。它是在拦截卫星上装载一枚类似于空对空导弹的微型"星载导弹"，当被攻击的卫星进入射程以内时，就将星载导弹发射出去击毁敌方卫星。

为了弥补制导和控制系统的不足，可以选用大面积弹头，如核弹头和人工碎片带。在空间，核弹头不像在大气层内产生爆破或热效应，但是它所形成的射线能产生多种破坏效应，可以在数十千米的距离上杀伤卫星。

美国的科学家认为，当量为50000吨的核武器在100千米以上的高度爆炸，将使大量的低地轨道卫星失灵。爆炸产生的电子会迅速弥漫到整个低地轨道空间，大多数低地轨道卫星都会与这些电子碰撞。

这种攻击可以对进攻者带来许多益处。首先，它只需要相对较低的技术，不用多级运载器或精确的制导，一枚改进型飞毛腿导弹和小型核装置就足够了。这种攻击方式至少不会直接击中城市或造成人员伤亡。

其次，某个国家可以借口进行试验，而在其自己的领土上空引爆核武器，无意对任何卫星造成破坏。

再次，采取这种进攻的一方总是利大于弊的，例如美国对低地轨道卫星的依赖性比朝鲜或伊拉克要大得多。

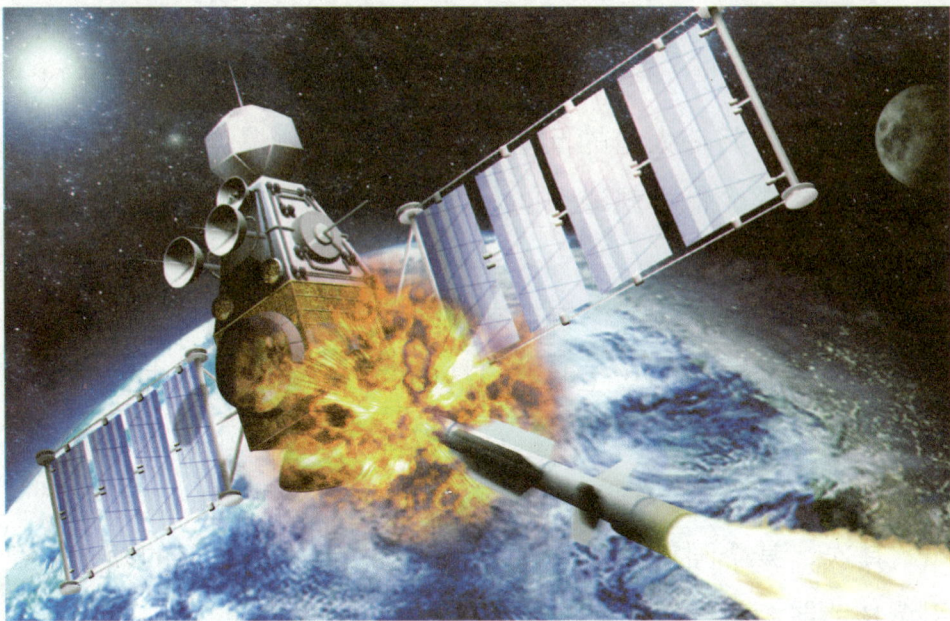

20世纪70年代以来，美国和苏联重点研究定向束能武器，这种武器是指利用激光束、微波射束、带电粒子和中性粒子束产生的巨大能量来摧毁目标的太空武器。

延 伸 阅 读

许多国家都掌握了相关的反卫星武器技术。一种办法就是建造一个大功率干扰机或者使用重型工业激光器对低地轨道卫星的光学器件和传感器进行攻击；另外一种办法就是利用现有的运载火箭和导弹建造直接上升式反卫星武器。